TABLEAU DES CONNOISSANCES HUMAINES;

AVEC UNE DISTRIBUTION GRADUELLE DES ETUDES.

A LYON.

Chez LA ROCHE, Libraire.

M. DCC. LXIII.

Avec Approbation & Permission.

TABLEAU DES CONNOISSANCES HUMAINES.

PREMIERE PARTIE.

LE TABLEAU que j'entreprends, ne peut-être que vaste ; il y faut de l'entente, de la précision & des détails.

Division generale.

Il y a des connoissances simplement instrumentales ; il y en a d'essentielles, & d'autres de convenance. L'on verra bientôt si cette diſtinction eſt arbitraire, ou ſuperflue.

Connoiſſances inſtrumentales.

J'appelle connoiſſances inſtrumentales, celles qui ne ſont que des moyens d'apprendre, ou de produire ce qu'on ſçait ; qui ſont moins des ſciences, que la clef indiſpenſable des ſciences, & pour ainſi dire, les mains de la Raiſon, dont il ſeroit impoſſible de ſe paſſer, & ridicule de ſe contenter. Tels ſont:

1°. Le langage; ce qui comprend parler, lire & écrire par uſage, & ſelon les Idiomes divers, que le beſoin preſcrit. Ceci demande une explication, qui à préſent m'arrêteroit trop.

2°. L'Arithmetique, ſoit la vulgaire, qui compte avec des chiffres; ſoit l'Algébre, qui généraliſe encore plus les quantités, en les déſignant par des lettres, ſignes vagues, avec leſquels néanmoins elle oſe calculer l'infini. L'Arithmétique est d'un besoin journalier & continuel, dans le moral autant que dans les affaires ; car en cette vie, où tout est mêlé de probabilités & de doutes de projets & d'obstacles, de demi plaisirs & de grandes peines, tout est affaire de calcul.

3°. La Logique, qui apprend à raisonner juste, & à s'exprimer de même, non seulement sur les idées, mais aussi, & plus souvent sur les sentimens & les faits, vulgairement négligés ; mais du moins aussi importans, & beaucoup plus difficiles à discerner. La Grammaire, en est la partie élémentaire, la Critique le fonds & la Rhétorique l'ornement.

4°. La Géométrie, qui mesure les grandeurs, combine leurs rapports, & par là, devient la Logique spéciale des mathématiques & des Arts. Elle dirige l'Arpenteur & le Machiniste ;

l'Architecte & l'Ingénieur sont ses ouvriers: la matiere ne prend des formes régulières que sous ses mains : aussi le dessein va à sa suite, comme un instrument subsidiaire également utile & agréable.

5°. Enfin la Poétique qui aussi différente de la Poésie, que la Rhétorique l'est de l'Eloquence enseigne simplement les régles usitées de la Versification, & la tournure convenue des differens Poémes : au lieu que la Poésie invente & exécute, ne parle qu'en expressions mesurées, par fictions par images, sans souffrir de médiocrité, parce qu'elle n'est point nécessaire, il faut qu'elle enchante & étonne. Digne dans son sublime, que l'emphase l'appelle la langue des Dieux ; dans ses écarts, la raison l'appelle le délire des foux.

Connoissances essentielles.

J'appelle Connoissances essentielles, celles qui ont des objets réels & nécessaires à tous les états dans tous les tems, & ausquelles rien ne peut suppléer, parce qu'elles comprennent tout ce que l'homme doit absolument savoir & faire, sous peine d'être degradé & malheureux. Elles se réduisent à trois.

1 .La Religion, par laquelle nous devons commencer, continuer & finir, parce que nous sommes de Dieu, par lui & pour lui.

2°. La Morale, pour se connoître soi-même & les autres, ce que l'on peut & ce que l'on doit dans les cas divers, où il plait à la Providence de nous placer.

3°. La Phisique, pour prendre une idée de la nature & de ses Opérations, de son propre corps, & de ce qui fait la santé, ou la rétablit; des arts divers qui augmentent l'aisance, ou adoucissent les ennuis.

Si l'homme n'étoit qu'un Automate isolé, jetté au hazard & pour un moment sur la terre, on le trouveroit peut-être aussi heureux que les bêtes, avec un instinct & des organes, des mains & des dents, mais il a une ame à perfectionner, des devoirs à observer, & une autre vie à prétendre, il est sous la main de Dieu, lié à une société & chargé de lui-même. Or le premier Commandement de Dieu, est qu'on lui rende hommage de toutes ses facultés, en travaillant selon l'ordre de sa Providence. La premiere loi de toute société est qu'on lui soit utile, pour racheter par des services les avantages qu'elle procure. Le premier conseil de l'amour propre est d'augmenter son bien-être par l'aisance que la Raison permet, & la considération que le Mérite attire. Il faut donc que l'on abjure sa destination & son existence, ou que l'on connoisse les œuvres de Dieu & le culte qu'il exige, le droit de la nature & les ressources de l'économie, les loix de sa patrie & les talens qu'elle honore, les moyens de la santé & les arts d'agrement. Il faut adorer Dieu, aimer les hommes & travailler à son bonheur pour le temps & l'éternité. Religion, morale, Physique, ces trois objets se représentent sans cesse, & ne se séparent point.

Connoissances de convenance.

Enfin, ce qu'on nomme Etudes de convenance, ce n'est que ces trois mêmes choses, avec les connoissances instrumentales qui y préparent ; mais poussées plus loin, & plus ou moins aprofondies selon les personnes, ou les états accidentels ; selon les gouts, ou les vues que l'on se propose. A tel il en faudra une partie entiére; à tel autre seulement une branche, & quelquefois une des moindres. Par exemple, il y a quelque langue à apprendre outre la Nationale; car tant qu'il restera établi que les Chrétiens prieront Dieu dans une langue qui n'est point leur langue, & que les François se régiront par des loix qui ne sont pas leurs loix, le Latin sera une langue nécessaire comme la priere publique & les loix; & comme tous les peuples d'Europe sont à peu près dans le même cas, le Latin sera de plus une langue commune à tous ces peuples, & partant une preuve d'Education & une ressource aux Voyageurs; mais le Grec & l'Hebreu, comme l'Allemand & l'Anglois, &c. ne sont que des études de convenance

venance, & relatives à l'état ou à l'espéce de science qu'on embrasse; & le Latin même, que l'économie du temps doit borner au langage commun & à l'intelligence des livres d'usage, devient une étude de convenance pour ceux dont le principal emploi est d'en faire leçon: permis à eux de rechercher sans cesse & de mettre au plus haut prix les finesses d'une langue que nous ne savons pas même prononcer. Ainsi le developement le plus détaillé de la Théologie ou des Loix devient l'affaire propre du Docteur ou du Magistrat, & seroit un travers pour celui qui doit suivre le Commerce ou les Armes. Ainsi un Ministre de la Religion n'a que faire d'être grand Mathématicien, ni un Magistrat d'être profond Chimiste. Ainsi la Danse, la Musique & la Peinture, qui seront l'occupation de tous les jours, pour le maître à danser, le musicien & le peintre, ne doivent être pour d'autres, qu'un amusement passager ; ainsi du reste. Il n'est pas permis de n'être rien, ni de se promener vaguement sur les Sciences & les Arts ; ni quand on a choisi un état, de s'y contenter d'une indigne mediocrité. L'on doit toujours viser au parfait ; & sans examiner, si en retranchant des sciences ce que la vaine curiosité & la charlatanerie y ont jetté de superflu, l'essentiel de ces sciences est en effet sans bornes ; il est toujours certain que chacun dans ce monde doit avoir un poste, & que ce n'est jamais trop de tous ses soins pour le remplir avec succès. Revenons donc aux trois grandes études.

Division des connoissances essentielles.

Il y a ici un Mystere très-important, & trop peu connu; c'est que la meilleure & même la seule bonne maniere de distinguer les parties des Sciencces, est aussi précisément la seule bonne maniere de les étudier avec fruit, la seule qui s'ajuste bien avec la marche & le progrès naturel de la Raison. Il convient que je m'explique.

J'observe d'abord que de tous les objets sur lesquels l'intelligence humaine peut s'exercer, il n'en est aucun, excepté peut-être, & tout au plus, l'Arithmetique & la Géometrie, qui soient absolument indépendantes des faits. Nous sentons assez que nous ne devinons rien, & les enfans encore moins. Ce sont les choses de fait qui font naître les idées. Sans la connoissance des faits, c'est une nécessité que l'on raisonne faux, ou en l'air, comme on ne le voit que trop souvent, même avec ce qu'on apelle de l'esprit; & au contraire, plus on a de faits, plus il est aisé de juger, puisqu'on a plus de pièces de comparaison; & plus on combine, mieux on se décide, mieux on agit; ce qui fait la différence du savoir & de la routine, de l'artiste & du manoeuvre, & il y a des manoeuvres dans tous les genres.

J'observe ensuite que la Religion, la Morale, & la Physique, c'est-à-dire toutes les vraies Sciences, ont en effet chacune trois Parties bien distinctes, dont la premiere est le fondement de la seconde, & celle-ci le principe de la troisiéme, savoir;

1°. L'Histoire, c'est-à-dire le recueil des faits relatifs à la chose, & qui servent de matériaux à l'esprit.

2°. La Théorie, qui combine ces faits, en cherche les raiſons, & en déduit la chaîne des axiomes & des regles.

3°. La Pratique qui, munie de ces ſecours, opére avec lumiere, & doit être le principal & dernier but de toute étude ſenſée.

C'eſt donc par les faits qu'il faut commencer; & c'eſt auſſi ce que les enfans demandent. Il eſt d'obſervation conſtante qu'ils ſont avides de voir & d'entendre; qu'ils ſentent avant que d'imaginer; ſe ſouviennent beaucoup & raiſonnent peu, ou point; qu'ils ſont remuans & même actifs, mais uniquement d'imitation, & même encore aſſez groſſiere; qu'ils ſaiſiſſent aſſez bien les objets, mais en gros & par maſſes détachées, ſans jamais ſonger à les détailler, & rarement à les comparer; & qu'ils ne vont guére que par degrés, ou même par ſauts toujours interrompus par la légéreté & la pareſſe ; ou, ce qui eſt peut-être plus exactement vrai, par les beſoins & les difficultés. Le plan le plus convenable des études eſt donc décidé par l'ordre naturel des connoiſſances humaines ; & tout va ſe déveloper ſans effort.

Partie hiſtorique des Sciences.

Je vais jetter une eſquiſſe légére, mais diſtincte, des grands objets de nos ſciences, & des moyens de s'en aſſurer.

Hiſtoire de la Religion.

L'Hiſtoire de la Religion a deux parties ; celle du Peuple de Dieu, laquelle remonte à l'origine des ſiécles, ce que n'a fait aucune autre Hiſtoire ; & celle de l'Egliſe, qui remplaçant ce Peuple proſcrit, ne finira qu'avec le monde. L'une contient les faits, les loix & les oracles, qui ont préparé le Meſſie ; l'autre nous montre la Loi nouvelle & immuable, établie par le Meſſie & ſes Apôtres, avec l'Oracle toujours ſubſiſtant dans l'Egliſe, qui explique ſes Myſtéres, & conſerve ſa Doctrine. Les monumens autentiques de cette Hiſtoire ſont d'une part, les Livres Sacrés de l'ancien & du nouveau Teſtament, & de l'autre les déciſions des Saints Conciles généraux, & les traditions unanimement reçues des anciens Peres. On y ajoute la ſuite de la Diſcipline, des Rits, & des établiſſemens divers, moins eſſentiels ſans doute, puiſqu'ils peuvent changer, mais qui conſtituent ſpécialement l'Hiſtoire Eccléſiaſtique. Voilà les faits de la Religion, & l'objet de ce qu'on appelle Théologie poſitive, ſans laquelle il n'y eut jamais que de vains & dangereux raiſonneurs.

Je ne parle donc ici que de la Religion révélée. L'Histoire des Religions fausses & des Héréfies en est à la vérité une accessoire, mais qui dépend de la morale puisque c'est l'histoire, non de Dieu, mais des hommes.

Histoire de la Morale.

L'Histoire de la Morale est ce qu'on nomme simplement l'Histoire, c'est-à-dire celle des hommes en tant qu'agens libres & sociables ; c'est donc l'histoire de l'esprit & du cœur humain, des opinions & des entreprises, des nations libres & des peuples policés, des loix & usages publics, & des faits domestiques.

L'on regarde la Géographie politique & la Chronologie comme les préliminaires de l'histoire quoiqu'on ne les connoisse que par l'histoire, mais c'en sont des extraits qui guident, sauf à les vérifier

vérifier en chemin faisant.

Il y a les histoires universelles compilées ou extraites des autres, les histoires nationales, & les personnelles. Il y a les mémoires, qui ne comprennent que certains temps ou certainnes choses, & les dissertations historiques, qui discutent des époques ou des faits, enfin les médailles, les archives & les autres anciens monumens qui servent à constater des dattes, des usages, ou même des événements qui font titre.

Dans les grandes histoires on observe le caractére général des hommes, & les influences toujours puissantes du droit primitif de la nature, l'origine des Etats, & leurs constitutions diverses? les rapports de la Religion & des mœurs, du droit public & des loix, des usages & des arts, les établissemens de ces choses, les causes des variations, & leurs effets.

Dans les histoires personnelles, on cherche des idées instructives & de grands exemples; comment certains hommes & si peu d'hommes sont devenus la gloire de leur Patrie, & les modeles de la Postérité.

Dans toutes on distingue avec grand soin les Ecrivains originaux & contemporains, de ceux qui écrivent sans garans, ou après coup; les Historiens qui ont du être instruits, & sincéres, des hommes obscurs, passionnés, ou interessés à être faux.

Mais dans l'histoire, que de recits de pure curiosité! & ne seroit-ce pas un beau travail d'entasser dans sa tête une multitude de details également inutiles à la société & à nous mêmes, ou dont tout le resultat est qu'il y a eu des scélérats & des foux. Lire l'hiſtoire, & étudier l'hiſtoire, ſont deux choſes très differentes; l'un eſt l'amuſement de l'oiſiveté, l'autre eſt l'occupation de la raiſon : l'un fait des Conteurs, l'autre des Sages. Le vrai but de l'hiſtoire eſt de nous éclairer, moins ſur ce qu'on a fait, que ſur ce que nous devons, ou pouvons faire; comme on étudie la Phyſique, moins pour ſavoir ce qui eſt, que l'uſage dont il peut être.

Hiſtoire de la Phyſique.

L'hiſtoire de la Phiſique eſt ce que l'on nomme l'hiſtoire naturelle, ſoutenue de la Phyſique expérimentale; c'eſt-à-dire, la collection de tout ce que l'on connoit de la Nature, ſoit par la ſimple obſervation, ſoit par des eſſais hazardés ou réflechis, avec ou ſans inſtrumens.

1°. L'hiſtoire naturelle, qu'on nomme autrement la Coſmographie, eſt la deſcription de cet Univers viſible & des êtres qu'il contient ; c'eſt donc premierement la notice générale du Ciel & des Aſtres, de notre Athmoſphére, & des météores qui s'y forment.

2°. La Geographie phyſique, laquelle ſans égard aux diviſions politiques qui ſont l'ouvrage des hommes, & auſſi inconſtantes qu'eux, décrit la terre par les climats & les mers, les montagnes & les fleuves, les ſources minerales & les volcans, &c.

3°. Ce qu'il a plu d'appeller ſpécialement l'hiſtoire naturelle, c'eſt-à-dire le detail des corps terreſtres diviſé en trois *Regnes*, des Minéraux, des Végétaux & des Animaux. Ces trois regnes ſe ſubdiviſent par claſſes, genres & eſpéces ; & dans toutes il y a à obſerver, non pas ſeulement leurs noms & leurs figures, ce qui demande cependant un temps & une mémoire extraordinaire ; mais encore leurs terres natales, leurs formations & leurs variétés, leurs propriétés & leurs usages. Les Végétaux ont leur histoire particuliere, qui est la Botanique : & il y en a une pour l'homme seul, qui est l'Anatomie; mais celle-ci est presque toute de Physique expérimentale. Il y a même une sorte de Physique de l'Ame en tant qu'unie au corps, & ce n'est pas une des moindres parties de la Médecine & de la Morale.

L'observation apartient certainement à l'expérience Physique; mais n'est point du tout ce qu'on nomme Physique expérimentale. Dans celle-là il ne faut que des yeux, de l'attention, & un peu de jugement. Dans celle-ci l'esprit raisonne, & la main travaille : déja riche des découvertes de l'autre, elle y ajoute ses propres inventions, & alors elle peut se présenter sous deux faces très differentes, ou bien suivant un plan Cosmographique quelconque, elle met ses épreuves à côté de chaque objet, pour en éclaircir les propriétes, & c'est à cette méthode sage que semblent se borner les plus célébres Académies, pour l'Astronomie, la Chymie, l'Agriculture, &c. ou bien plus hardie, elle annonce une Théorie, qu'elle étaye de ses opérations, quoiqu'il y ait des parties entiéres de la Physique, qu'elle n'efleure seulement pas.

D'ailleurs dans l'histoire naturelle, il est assez permis de se défier des faits; car combien de raports hazardés par gens qui n'ont point vu, ou qui ont mal vu; & combien d'opérations équivoques, dont d'autres essais combattent les résultats. Il faut droit tout vérifier par ſoi-même, ou n'en croire que des garans ſurs.

Théorie des Sciences.

En tout genre, l'hiſtoire ſeule fait les érudits ; il faut encore la Théorie pour faire des ſavans, & les ſciences ne peuvent être complettes, qu'autant que l'on a tous les faits néceſſaires pour les former. Tant que l'on devine, ou que l'on ſuppoſe, l'on n'a que des hypothéſes, des aſſertions proviſoires, qui amuſent l'eſprit, qui ſuffiſent à l'ignorance, que l'orgueil peut ſoutenir; mais que la prudence ne ſuit qu'en tremblant ; comme l'on marche dans l'obſcurité en attendant le grand jour.

Théorie de la Religion.

Si ces reflexions ſont juſtes, il s'enſuit qu'il ne peut y avoir de Théorie & plus ſure & plus nette, que celle de la Religion; puisque les faits qui lui servent de base sont decidés & autentiques, & qu'il n'est point d'ignorance plus honteuse que celle de la vraie Théologie? puisqu'il n'est point de science plus importante & plus aisée à apprendre, & que si néanmoins il y a tant d'obscurité & de disputes dans cette étude, c'est que ce qu'on appelle Théologie, n'est point la Théologie.

La Théorie de la Religion est proprement la Théologie scholastique, tant Dogmatique que Morale, différente de la positive, qui est l'histoire, non-seulement par l'arrángement méthodique des choses, qui en est le fond, mais aussi par les inductions de pure raison, qu'elle tire des points décidément révélés, & qui en sont l'accessoire.

La Théologie dogmatique n'est

n'eſt & ne peut-être qu'une Logique ſaine, appliquée aux faits de la Religion, pour traiter avec ordre des Dogmes, de Dieu & de ſes Myſteres, de l'Egliſe & de ſes Sacremens. Encore, même cette multitude épineuſe de queſtions qu'elle agite, ſe réſoud naturellement en une ſeule: y a-t-il ſur la terre un Tribunal conſtamment infaillible? Après quoi il ne s'agit plus que d'entendre ce que ce Tribunal a prononcé, & de ſe taire ſur le ſurplus.

La Théologie morale, qui ſe réduit de même à une ſeule grande régle: la conformité de nos volontés à celles de Dieu, n'eſt de même qu'un développement ſuivi de la Loi de l'Evangile, & des Ordonnances de l'Egliſe univerſelle. Mais cette partie a une appendice très conſiderable, & dont on fait une ſcience à part. C'eſt le Droit-Canon, qui régle dans l'Egliſe l'ordre exterieure &

la discipline generale, la difference des personnes, leurs devoirs & leurs droits; l'usage des choses sacrées, & des biens qui appartiennent à ces choses, ou aux personnes: ce qui fort simple dans lescomencemens à force de varier selon les tems & les lieux est devenu très-compliqué, très-étendu, & très aisé à confondre avec la morale humaine.

Théorie de la Morale.

La Théorie de la morale a deux parties, la Métaphysique & le Droit.

La première considérant l'homme en lui-méme, comme un être intelligent & libre, capable de projets & de direction, de mérite & de blâme, remonte aux principes des mœurs, l'amour propre & la raison; l'indépendance primitive & la sociabilité; la souveraineté de Dieu & sa Providence; & en deduit les préceptes de la Religion naturelle, & les régles générales de notre conduite.

La seconde suivant l'homme dans ses relations diverses, se compose de plus en plus: & dela,

1°. Le Droit naturel, qui assigne les droits, & les devoirs respectifs des hommes, antecédemment à toute convention & établissement de leur fait. Ce droit universel dans son origine, & imprescriptible dans son essence est la base necessaire de toutes les Loix.

2°. Le Droit des gens qui ajoute au Droit de la nature les conventions libres des particuliers, ou des societés, par lesquelles ils cédent ou prometent quelque chose ou par pure bienfaisance, ou en vue de plus grands avantages.

3°. Le Droit public des Etats, qui, les partagent en souverains & en sujets, détermine l'autorité des uns, & les priviléges des autres & dirige au plus grand bien le concert général des forces & des volontés.

4°. Le Droit civil, qui réglé entre les concitoyens les obligations des personnes, & les dispositions des biens; & y ajoute la *sanction* des peines, pour contraindre les réfractaires & réprimer les offenseurs.

5°. Enfin, l'économie personnelle qui, toujours subordonnée à la Religion & aux Loix, apprend à réunir l'agréable & l'utile, par l'intelligence des affaires, & l'aimable civilité.

Voilà tout le systême du vrai sage. Toute autre philosophie avilit l'homme au lieu de l'illustrer. Mais le morale est inséparable du physique: tout est lié dans les Sciences, comme tout se tient dans l'Univers.

Théorie de la Physique.

Une vraie Théorie Physique seroit, ce semble celle que l'on déduiroit d'un petit nombre de principes bien existans, mais qui n'auroient de cause immédiate que Dieu même ; comme si, par exemple, on faisoit tout dépendre de ces deux ou trois Propriétés primitives de tous les corps, la figure, la gravitation, & le ressort ; & que par des calculs fondés sur les faits, on expliquât également & les phénoménes particuliers, & la marche générale de la nature. Mais au défaut de principes suffisans, on se borne aux causes prochaines pour en tirer des régles palpables ; & la masse de ces régles peut se diviser en deux sortes.

1°. Les sciences sensibles, qui n'instruisent que d'aprés l'expérience. Telles sont la Chymie, l'Agriculture & la Médecine ; lesquelles se rapportent aux trois régnes de l'Histoire Naturelle.

2°. Les Mathématiques, qui de plus s'appuient sur la Géométrie, & sur le calcul. Telles sont la Méchanique, qui donne les principes des forces en mouvement & des inſtrumens de toute eſpéce ? l'Aſtronomie, qui, ſuivant l'ordre & le cours des aſtres, dirige la Chronologie, l'Horlogerie & le Pilotage ? l'Optique, pour la lumiere & la magie des couleurs ? l'Acouſtiqne, pour les ſons & l'harmonie ? la Pyrotechnie pour l'artillerie & les feux d'artifice : ce qui embraſſe le reſte de la nature connue.

Il ne faut pas s'étonner que l'on trouve tant de choſes reſſerrées dans de ſi petits volumes : & qu'il faille cependant tant de volumes, pour ne ſavoir qu'imparfaitement ces choſes. C'eſt qu'en effet la Théorie Phyſique eſt trés-bornée ? mais elle ſuppoſe & rapelle la connoiſſance des faits, qui eſt immenſe.

Pratique des Sciences.

Mais la plus belle théorie ſeroit la plus miſérable vanité, ſi l'on se bornoit à savoir sans agir, ou que les actions démentissent les connoissances. Or la pratique, je dis, la bonne & la seule sure, ce sont ces mêmes théories réduites en exercice, chacune selon son objet. Et c'est par-là que l'homme se conduit vraiment en homme, Chrétien & Philosophe, non en brute ni en automate, par sensation & par routine.

Pratique de Religion.

La pratique de la Religion, également éloignée de la superstition qui rend imbecille, & du fanatisme qui rend féroce, est pour les Pasteurs le gouvernement de leur Eglise, & l'administration des Sacremens ; pour les Docteurs la prédication & la controverse; pour les Bénéficiers la priere & la frugalité ; pour tous la foi éclairée, la piété solide, & la charité universelle. Mais celles-ci sont le principe &

la fin, le fondement & le faîte de l'édifice éternel : car sans elles, Dieu est oublié ou insulté ; le Controversiste aigrit au lieu de convaincre ? le Prédicateur amuse au lieu de toucher ; le Confesseur égare au lieu de diriger ; le Bénéficier scandalise au lieu d'édifier ; le Pasteur s'endort, ou gouverne avec le sceptre, qui dans des mains de paix ne fait que des hypocrites ou des rebelles ; & les Brebis étonnées se divisent, ou ne se rapprochent que pour s'entredéchirer. La Religion ne prêche que l'ordre & l'amour ; elle n'ôte point la raison, mais elle l'épure & l'annoblit, elle ne détruit pas les hommes, mais elle en fait des Saints.

Pratique de la Morale.

La morale humaine n'est point le Christianisme, mais elle ne peut le contredire, elle vient du ciel, comme lui. La pratique de la la morale, c'eſt la juſtice, qui comprend également la piété & l'humanité, & dans ces deux, toutes les vertus.

La piété adore Dieu avec le reſpect profond d'une foible créature pour le Maître éternel de l'Univers, & la tendre confiance d'un fils honnête pour un bon pere.

L'humanité active & généreuſe, cherche ſon bien être dans l'avantage des autres, & ſelon ſes rapports differens, elle prend pluſieurs noms.

1°. La probité, qui eſt la juſtice rigoureuſe due à tous les hommes, ce qui ſemble préſenter une idée plus étroite, puiſqu'elle ſemble bornée à tenir ſa parole & ne point faire tort.

2°. La politique moins générale encore, puiſqu'elle ſuppoſe les hommes diviſés d'intérêts. C'eſt l'art de procurer à ſa nation les plus grands biens, ſans interrompre l'amitié avec les étrangers. C'eſt l'art propre des Ambaſſadeurs.

3°. Le Miniſtére, qui a pour objet d'unir ſi étroitement la dignité du Souverain, & l'intérêt des Peuples, qu'en étendant les reſſources de l'Etat au profit des particuliers, les talens des particuliers concourent à la gloire de l'Etat, & que les Finances ſoient un moyen, non de deſtruction, mais de force & d'embonpoint.

4°. La Légiſlation, qui étudiant le génie & la poſition des peuples, leur fait trouver les loix néceſſaires & l'obéiſſance douce. A ſa ſuite ſont la Magiſtrature, qui, exerçant une portion de la ſouveraineté, aplique l'autorité des loix au maintien de la paix intérieure & de l'ordre public ? & la Procédure, qui, inſtruite des loix & des formalités judiciaires, aide les particuliers à ſoutenir leurs droits devant ſes Tribunaux.

On pourroit, ce ſemble, parler ici de l'éloquence, mais j'oſe à peine la compter dans les Arts moraux, parce que je n'y vois en tout qu'une imagination qui en maîtriſe d'autres, & un talent équivoque qui ſert également le menſonge & la vérité, le vice & la vertu.

5° L'économie domeſtique, qui travaille à mettre chez ſoi l'ordre & l'aiſance relative à ſon rang, au point de pouvoir encore aider l'état, & ſoulager les malheureux.

Cette partie a deux annexes importantes ? la pédagogie, ou l'art de diſpoſer les enfans à devenir des hommes ſages & vigoureux, utiles & agréables ? & la politeſſe, qui paitrie de modeſtie & de complaiſance, rend les autres auſſi contens d'eux que de nous.

Voilà les produits de la théorie des mœurs.

Pratique de la Phisique.

Le but de la morale est la vertu ; celui de la phisique l'industrie. Ici le détail est infini ? puisque l'activité humaine a formé autant d'arts, que la nature libérale lui a présenté d'objets. Mais pour se mettre à l'aise, on peut les ranger tous sous quatre ou cinq classes.

1°. Les arts physiologiques, qui opèrent spécialement sur les qualités des corps & leurs effets.

2°. Les arts mathématiques, sur les quantités & leurs rapports.

3°. Les arts manouvriers, sur les formes & leurs usages.

4°. Les arts d'imagination, dont le merite est de bien copier la nature.

5°. Enfin les arts d'exercice, qui mettent en méthode nos mouvemens spontanés.

Arts Physiologiques.

Les Arts Physiologiques sont l'Agriculture, la Chymie & la Médecine.

Je mets avant tous l'Agriculture; parce que c'est sa place, parce que c'est le plus respectable & le plus nécessaire des arts, je dirois encore, le plus agréable, si le luxe n'avoit corrompu les vrais gouts de la simple, belle & sage Nature. Si vous ne voyez dans l'Agriculture, qu'un misérable au bout d'une charrue, & des Bœufs qui sillonnent pesamment un champ qui n'est point à lui, vous n'en avez point d'idée. Il s'agit de connoître la nature des terres & de les améliorer, d'y adapter les plantes & de perfectionner leurs fruits, de multiplier les troupeaux & de nous orner de leurs dépouilles: les forêts comme les vergers s'embellissent par ses soins, le vin & le miel ſont ſes dons ; la Botanique lui demande les ſimples ? les Manufactures ſa ſoye, ſes laines & ſes Chanvres ; la Chaſſe & la Pêche ſont de ſa dépendance. La Campagne produit tout ; les Villes ne ſont que conſumer. Qu'on me pardonne cet éloge, j'écris au milieu du plus riant & du plus riche payſage.

La Chymie ne préſente de même à l'eſprit inattentif, qu'un homme ſale auprès d'un fourneau ? mais outre ſes découvertes en Phyſique, & ſes remédes en Médecine ; la poterie depuis la cruche du Payſan juſqu'à la plus brillante Porcelaine, la Verrerie & ſes Glaces ; la Métallurgie & ſes Emaux ; la Teinture & ſes couleurs ; la Diſtillation & ſes parfums, ne ſont que des parties de cet art important.

La Médecine, dont on peut dire trop de bien & trop de mal, ſe partage en Diétetique, Pharmaceutique, & Chirurgicale; & de là trois professions moins nécessaires par nos infirmités, que par nos excès. Ce sont eux qui compliquant sans cesse les principes de nos maux, rendent dangereuse la pratique d'un Art, dont la Théorie ne peut se fixer.

Arts Mathématiques.

Les Arts Mathématiques sont la Méchanique, l'Architecture, la Marine, & la Guerre.

La Méchanique est l'art des instrumens pour l'Astronomie, l'Hydraulique, la Musique, les Métiers, &c. L'Horlogerie n'est qu'un de ses emplois; & ses jeux sont des prodiges. Rien ne rend plus sensible, combien l'homme est supérieur aux bêtes, & combien l'adresse l'emporte sur la force. Tout lui céde, & la nature semble se plaire à lui obéir.

L'Architecture dans l'usage commun n'est guére qu'un peu

de Dessein, de Maçonerie & de Charpente. C'est dans les Ponts & Chaussées, dans les Temples, Places & Spectacles publics qu'elle peut developer son genie, quand la magnificence lui permet de travailler en grand. J'ajouterois les Fortifications, si elles n'en differoient par leurs principes, autant que par leur objet.

La Marine comprend la Construction, le Pilotage & la Manœuvre; que ne comprend-elle pas? Un Vaisseau en mouvement est le chef d'œuvre de presque tous les Arts; une machine qui étonne, même celui qui l'a faite, & celui qui la dirige.

La Guerre est par excellence l'art de la gloire dans l'idée de tous les peuples, moins sans doute par les dangers où il expose, que par l'amour généreux de la Patrie qui les fait braver; moins par les connoissances qu'il exige, que

que par le génie qui le guide. On ne l'apprend ni dans les Salles d'armes, ni au Manége. La Fortification & l'Artillerie ne sont que ses servantes. C'est la combinaison des marches, le choix des camps, la mobilité des troupes ; c'est une méchanique d'un ordre sublime & transcendant, qui emploie des multitudes d'agens animés, contre d'autres agens semblables, où les forces des corps sont en raison des ames, & où l'inertie même se calcule.... Mais de quoi vais-je parler ? Il ne convient qu'aux héros de révéler leurs secrets ; j'oserai seulement dire qu'un militaire sans amour de la Patrie & sans talens, n'est qu'un artisan armé qui expose sa vie dans une campagne, comme le couvreur sur un toit.

Arts Manouvriers.

J'ai compté les autres ; ici le nombre est celui de nos besoins multiplié par nos caprices ; le pays où il y en a le plus, est donc le pays le plus industrieux; mais non pas le plus sage, à moins qu'il n'en fasse une ressource pour subsister. Le Bois seul occupe plus de dix sortes d'ouvriers, le Bucheron & le charbonnier, le Sabotier & le Scieur de long, le Charpentier & le Ménuisier, le Charon & le Tonnelier, le Sculpteur & le Tourneur, l'Ebéniste, &c. Je dis donc en trois mots : il y a des arts de nécessité, comme la Ferronerie ; de commodité, comme l'Imprimerie ; de pur luxe, comme les Modes. Après cela, que l'on se donne la peine de parcourir les atteliers divers, il n'en est pas un qui ne soit digne d'attention par l'invention des machines, ou par l'adresse des mains.

Le Commerce est moins un art que l'agent des arts : il fournit aux Manufactures les matiéres,

& met en valeur les produits. Il doit connoître les prix des choſes brutes & façonnées, les facilités des tranſports, & le cours d'argent, pour chaque lieu; c'eſt ſa partie hiſtorique; ſa Théorie eſt toute de calcul, & ſa pratique d'activité, pour multiplier ſes ventes, & hâter ſes payemens, & mettre ſon crédit au deſſus de ſes fonds.

Arts d'imagination.

Ces Arts d'imagination ſont la Muſique, la Peinture & la Sculpture; amuſemens, ſouvent trop eſtimés, du loiſir & du gout.

La Muſique faite pour exprimer par les ſons la nature & les ſentimens, emprunte des Mathématiques les principes de l'harmonie, & de l'imagination la mélodie des chants; c'eſt par leur concours, qu'elle va juſqu'à l'enchantement; mais le ſimple exécuteur n'eſt qu'un agréable manœuvre.

La peinture travaillant d'après l'histoire & la nature, compose ses sujets de génie, & ajoûte au dessein la séduction des couleurs, & les finesses de la perspective ; fruit d'une étude longue & de talens heureux.

La Sculpture plus bornée, parcequ'elle est plus asservie à sa matiere, tire son plus grand mérite, du choix des attitudes, & des ornemens dont elle enrichit l'Architecture. Elle s'annobliroit si au lieu de nous retracer sans cesse les folies de la Fable, on l'employoit d'avantage à consacrer la memoire de nos grands hommes.

Arts d'Exercice.

Les Arts d'exercice, les seuls que notre Education admette, sont la Danse, les armes & le Manége. La Course & la nage, dont les anciens faifoient tant de cas, font abandonnés au vil peuple ; la Paume paroit trop fatiguante, & la Chaffe eft devenue mefquine, depuis que les Nobles ont dédaigné leurs Châteaux pour s'enterrer dans les Villes.

Le manége eft en honneur, comme il le mérite.

La Danfe donne des graces ; & la Nature l'a infpirée comme le chant à tous les peuples.

Les Armes font néceffaires chez un peuple qui porte des armes au milieu de la paix, & où il eft toleré que l'on s'égorge avec un étourdi.

Mais quand on penfe que la Jeuneffe apprend à danfer jufqu'à vingt ans pour ne plus danfer à trente, & favoir à peine marcher à quarante ; & qu'elle apprendroit les fortifications, l'artillerie, & tous les exercices de la guerre dans le temps qu'elle employé à faire des Armes, qui servent si peu à la guerre ; on a droit de s'étonner que les hommes mettent tant de perfections & de soins à deux exercices qui ne rendent l'homme ni aimable ni guerrier. Tant il importe de donner à chaque chose son vrai prix, & de n'estimer les Arts & les talens, qu'à proportion qu'ils sont estimables & utiles à la Patrie.

Je n'ai pu me refuser d'être un peu long dans cet article, parce que j'aime tous les arts, & pour faire sentir combien il y a de choses dont on ne donne pas même les premieres idées. N'est-on donc fait que pour apprendre un peu de Latin & de Dialectique? Faut-il y consumer les plus précieuses années de la vie ? De quoi cette riche provision servira-t-elle à la société ? A quel emploi pourront aspirer ces enfans qui nous sont si chers, pour qui nous faiſons tant de projets ? Eſt ce là ce qu'attend la Patrie ? & une Nation ſi éclairée, ſi glorieuſe a-t-elle pû s'en contenter ?

Concluſion.

A préſent nous avons un grand point de vue, un tableau général, & ſi je ne me trompe, aſſez méthodique des Connoiſſances humaines. C'eſt par les faits qu'il faut commencer, je le répete encore ; mais cela n'empêche pas qu'on ne puiſſe dès lors, & même qu'on ne doive jetter à propos, & autant de fois que l'occaſion le permet, quelques ſemences de Théorie. L'on ne peut trop-tôt montrer à l'eſprit qu'il y a des régles à ſuivre ; & encore convient-il qu'elles ſoient plus en autorité qu'en raiſons parce qu'il eſt plus ſimple d'obéir que de raiſonner ; & qu'on les rende ſenſibles par quelques remarques pratiques, ſoit ſur les choſes, ſoit ſur les perſonnes ; ce qui regarde ſur tout la Religion & les ſentimens, la décence & la ſanté, qui ſont d'uſage dès les premiers inſtans, & dans tous les inſtans. Ceci eſt une affaire de prudence & de zele, des plus importantes ſans doute, mais qui dépendant preſque toujours de circonſtances momentanées, ne peut être ſoumiſe à des régles.

L'on ne peut régler que l'ordre & la diſtribution des études; & il faut ſuivre non ſeulement l'ordre & l'importance des choſes, mais auſſi, & encore plus, la force & le progrès des facultés. D'abord voir les choſes purement ſenſibles, d'imagination, & les maſſes avant les détails; enſuite celles de ſentiment réflechi & de ſimple raiſon; & puis celles de combinaiſon & de preuves, comme les plus mal-aiſées : les temperer alors même par les autres, les varier toutes par des exercices de de Corps qui délassent & amusent, soutienent & fortifient ; ne point se précipiter pour avancer; aller toujours au but, sans s'égarer ; mais en se prêtant de bonne grace à tous les détours qui en facilitent l'approche.

Il s'agit donc à présent de répartir chaque chose suivant les temps ; ensorte qu'un jour prépare à l'autre ; que l'étude d'une année soit le commencement de la suivante ; & que les dernieres leçons ne soient constamment que des développemens des premieres.

Par-là les Etudes instrumentales ainsi que les essentielles marcheront comme de front, & à peu près sur une même ligne, s'élargissant peu à peu, avec proportion, sans effort, sans retour en arriere, jamais au dela de ce que le génie des sujets pourra saisir & conserver ; mais autant qu'il faudra, pour qu'assez pleins de faits surs & des bons principes, ils puissent de bonne heure commencer à agir, étendre eux mêmes leurs connoissances, fortifier leur raison, & perfectionner leurs mœurs. Heureux les Eléves qui seront parvenus à savoir se sentir, lire, réfléchir & consulter! Heureux les Maîtres qui pendant les premieres années auront pu les conduire jusques-là; plus heureux ceux qui pourront dire: ce jeune homme ira plus loin que moi. Il n'est encore parfait en rien, mais en état de le devenir. Ce seroit une grande erreur d'en vouloir d'avantage.

Fin de la premiere Partie.

DISTRIBUTION GRADUELLE DES ETUDES.

SECONDE PARTIE.

QUE l'on ne s'épouvante pas du vaste plan, que nous avons tracé : l'on va voir que la carriére n'est point impossible. Que l'on ne s'imagine pas qu'il n'en sortira que des esprits superficiels, confus & presomptueux : l'on n'est point superficiel, quand on a les grands & vrais principes ; l'on n'est point confus, quand on étudie avec ordre ; l'on n'est point présomptueux, quand on ne sait que ce qu'il faut, & autant qu'il faut, pour entrevoir combien il reste encore à savoir.

Les détails sont immenses ; mais les principes sont bornés ;

& c'eſt ſurtout les principes qu'il faut apprendre dans les premieres Etudes : les détails n'appartiennent qu'aux études de convenance. L'on puiſe dans les Ecoles de l'enfance les connoiſſances inſtrumentales, & les élémens des ſciences néceſſaires ; & de bons élémens ménent loin. Les grands développemens ne ſont pas de cet âge, puiſqu'ils doivent être l'ocupation de toute la vie ; & les Arts ne vont qu'avec ces développemens, puiſque ce ſont les réſultats des ſciences même miſes en œuvre.

Selon la portée ordinaire des Eſprits, l'on n'eſt guére capable de choiſir un état avant ſeize ans, ni de s'appliquer utilement à rien avant huit. C'eſt donc à huit ans que je commence, & huit ans que je conſacre aux premieres études ; & c'eſt auſſi à peu près le tems que l'uſage commun fondé ſur l'expérience y employe par tout, mais qu'il s'agit d'y employer autrement.

Jusques à huit ans l'Enfance est tendre, le corps délicat, & l'esprit foible. Beaucoup de mouvement, peu ou point d'application génante; la plus grande liberté en tout ce qui n'annonce aucun vice de caractere: mais point d'amour aveugle, point d'admirationpour des gentillesses qui ne sont que des niaiseries ou des impertinences; point d'indulgence pour les volontés de caprice, les petits airs impérieux, & la desobéissance opiniâtre. Que l'on s'accoutume à distinguer la vraie vivacité, qui est toute d'esprit & de sentiment; de l'étourderie des propos, & de la pétulance des maniéres. Que l'on accoutume l'Enfant à écouter ses Maîtres, à obéir à ses Parens, à respecter les choses Saintes, à aimer le vrai, à s'aider lui-même, à être courageux vis-à-vis des choses, & modeste vis-à-vis des personnes, à sentir qu'il a besoin de chacun, & que tout peut lui être refusé : car c'est en effet ce qu'il doit faire & éprouver toute sa vie ; & sans cela point d'espérance qu'il ait jamais l'esprit droit & l'ame forte.

Qu'il sache lire & prononcer proprement ; écrire & ortographier couramment, former les chiffres & les nombres, le plus petit catechisme & les prieres communes, voilà toutes les provisions qu'il lui faut pour entrer dans les Ecoles publiques, & si l'on pouvoit dès lors lui apprendre un peu de Latin, par usage, comme il apprend sa langue en l'entendant parler, comme les Enfans de qualité apprennent le François en Allemagne avec leurs gouvernantes, que de peine & de temps épargnés !

Il nous faudra autre chose qu'un Rudiment, des Dictionaires, & cinq ou ſix Auteurs Latins, qui ne ſont même donnés que par lambeaux, l'on a du s'y attendre. Il nous faudra des Livres élémentaires dans tous les genres, & heureuſement nulle nation n'eſt plus riche que nous à cet égard, mais ſi nous manquons de quelques Livres convenables à mon plan, il ſera aiſé d'y ſuppléer, & ſi je manque moi-même à indiquer les meilleurs, on en ſera quitte pour rectifier mon choix.

Quelle facilité, quelle vivacité n'aurions nous pas aujourd'hui dans les premieres études, ſi les hommes plus zelés peut-être qu'éclairés, à qui l'on doit tous ces commentaires ſur les Livres Latins claſſiques, *ad uſum Delphini*, euſſent étendu leurs vues, & donné à la France d'excellens Elémens proportionnés à tous les degrés de la Jeuneſſe, & ſur toutes les parties des ſciences. Ce beau présent les auroit mieux éternisés : mais le siécle précédent auroit trop de gloire, s'il n'eut pas laissé quelque chose à faire au nôtre, & un travail si estimable nous est réservé.

Reprenons donc notre plan générale, & suivons-le.

PREMIERE CLASSE.

De huit à neuf ans.

Deux heures le matin & autant le soir.

Cet âge veut encore beaucoup de sommeil & peu d'etude à la fois. Ensuite on diminue l'un, & on augmente l'autre, à proportion que les organes se fortifient, & que le travail devient habitude, mais dès ce moment il faut que tout soit réglé & que chaque heure ait son emploi, à la Maison, comme à l'Ecole, pour l'amusement comme pour l'étude.

SCIENCES NÉCESSAIRES.

Religion.

Ce ſera toujours la premiere leçon & la leçon de tous les jours. Eſt-il concevable que juſqu'à préſent l'on n'ait pas ſenti que cela devoit être, & que des gens, qui ſe croyent ou ſe diſent les boulevards de la Religion, ſoient reſtés en poſſeſſion de la négliger. N'eſt-il pas ſcandaleux que les jeunes gens parlent ſi hardiment de Religion dans le monde, & qu'ils en ſoient ſi peu inſtruits, ou qu'ils puiſſent s'imaginer qu'elle n'a pas de meilleurs fondemens que ce qu'on leur en a appris ?

L'on commencera par faire apprendre aux Enfans le petit Catéchiſme de Fleury, il eſt vraiment ſubſtantiel, au deſſus de tout éloge, & fait exprès pour mon plan. C'eſt à de tels homm mes qu'il convient de faire de petits abrégés, mais s'il étoit permis de toucher à un morceau ſi précieux, l'on ajouteroit à la partie hiſtorique trois ou quatre leçons ſur les Conciles & les Peres, & autant à la partie Dogmatique ſur la Grace, les abſtinences & les Fêtes.

Morale & Phyſique.

Nous avons *le Livre des Enfans*. C'eſt une idée excellente, que l'on peut perſectioner. L'objet eſt de donner des notions nettes & ſimples de ce qu'il y a de plus important, & de plus commun dans la vie; de ce qu'on doit voir, ou de ce qu'on voit ſans le connoître.

Connoiſſances inſtrumentales.

GRAMMAIRE.

La Grammaire la plus ſimple eſt à coup ſur la meilleure, mais on ne peut trop reſter ſur les détails.

L'on enſeignera la Grammaire Latine ; mais on commencera par la Françoiſe, parce que c'eſt la plus néceſſaire ; parce qu'il eſt plus aiſé de l'entendre ; parce qu'on entendra mieux l'autre, en comparant leurs rapports & leurs différences. Et puiſqu'on n'apprend les langues qu'autant qu'on en ſait les mots, la prononciation de ces mots, leurs inflexions & leur arrangement ſelon le génie de ces Langues, il n'y a qu'une bonne maniere de procéder.

D'abord bien connoître les differentes ſortes de mots dont eſt composé le langage, & les modifications dont ils ſont ſuſceptibles. Il faudroit toujours l'apprendre par la ſuite ; & s'en donneroit-on la peine, lorſqu'étant parvenus à parler de routine, l'on pourroit s'imaginer que ces diſtinctions ne ſont que pédanteſques & ſuperflues : interrogez l'expérience: La Grammaire décide d'ailleurs le principe, & peut-être l'essentiel de la Logique des idées. *La Grammaire generale & raisonnée* donnera sur cela de bonnes ouvertures.

2°. Apprendre autant de mots qu'il est possible, & surtout des choses usuelles. Le nouvel *Indiculus universalis*, est fait dans cette vue. Ainsi qu'à chaque déclinaison, l'on prescrive plusieurs mots à traduire pour la leçon suivante ; & de même aux Conjuguaisons : mais il suffira de décliner & de conjuguer, & même de dire ces mots de vive voix. Ensuite que l'on sache exactement les pronoms, les prépositions & conjonctions. Ces mots se répetent sans cesse dans le discours. Rien n'aidera d'avantage à hâter les progrès.

3°. Voir dès lors les Régles générales de la Prosodie latine ; elles sont en très-petit nombre.

L'usage & le temps feront le reste. Il faut au moins marquer les syllabes longues & les brèves dans une langue dont la prononciation & l'accent nous sont inconnus ; mais où les fautes de *quantité* empêchent de lire les Poëtes & changent le sens des mots. Nous n'en sommes pas là pour notre langue ; Cependant la plupart des Provinciaux la prononcent plus mal que les Etrangers ; & des François manquent également notre prosodie & notre accent ; est-il excusable que l'on y fasse si peu d'attention ?

4°. Réduire la Syntaxe Latine à ses vrais principes. Si l'on se donne la peine de consulter la *Minerve* de *Sanctius*, & la *Grammaire raisonnée* (*Philosophica*) de *Scioppius*, on se convaincra que douze ou quinze règles fixes & sans exceptions suffisent pour faire face à tout. Il est bien étonnant que des ouvrages si heureusement travaillés, n'ayent pas encore détruit ou rectifié tous les autres de cette espèce.

5°. A chaque régle de Syntaxe appliquer des exemples Latins, courts, mais multipliés, & que l'on fera tourner en François, pour inculquer les régles & accoutumer aux phrases. On a les Sentences de P. Syrus ; les Pensées de Ciceron choisies par M. l'Abbé d'Olivet ; les Maximes de Salomon & autres de l'Ecriture Sainte. Il n'est pas encore tems de rien tourner en Latin, parce qu'il faut des matériaux avant que de batir.

Arithmetique.

Elle doit être bornée aux trois premières régles, & ne commencer qu'après les premiers mois. Il suffira qu'à la fin l'on soit ferme sur ce que l'on nomme Livret de multiplication, & aussi exercé à en diviser les nombres, qu'à les multiplier. On ajoutera aux opérations en chiffres, qui doivent être ſimples, les Signes & les Lettres de l'Algèbre, pour que ce mot ne ſoit plus un épouvantail.

Avec cela, que l'on faſſe écrire chaque jour une des leçons du Catéchiſme, ou du livre des Enfans, pour former la main à bien peindre & aſſurer l'Ortographe; c'eſt tout ce que je demande pour cette premiére année, & ce peu ſuffit.

Il n'y a point à préſent d'exercices à leur preſcrire. Qu'ils faſſent ce que la Nature leur ſuggére; qu'ils ſortent, ſe proménent, ſautent, courent & tombent tant qu'il leur plaira, pourvû que ce ſoit en lieu où ils en ſoient quittes pour ſe relever; même l'hyver, s'ils aiment mieux ſe remuer à l'air froid que d'être tranquilles auprès du feu, ce qui ne manque jamais d'arriver. Ils ſeront bientôt forts, & point enrhumés.

SECONDE CLASSE.

De neuf à dix ans.

Deux heures & demi le matin ;
deux heures le soir.

SCIENCES NÉCESSAIRES.

Religion.

Le Catéchisme de Fleury, le même que l'année précédente, mais en Latin.

Il faudroit des instructions plus longues sur la Confession & la Communion ; mais comme les Parens croyent avoir de bonnes raisons pour y préparer leurs Enfans, les uns plutôt, les autres plus tard ; cela sort de mon plan. D'ailleurs comme on doit fréquenter son Eglise, & connoître son Pasteur, rien n'est plus décent que d'aller aux Catéchismes de Paroisse sur ces deux importans & redoutables Sacremens.

Physique & Morale.

Le livre des Enfans, aussi en Latin. Il sera aisé d'entendre ces deux ouvrages, puisqu'on les fait en François, & que la Grammaire est apprise; mais pour plus grande sureté, il convient que les Enfans soient préparés à expliquer ce qu'ils récitent.

La Géographie moderne, & ensuite une idée de l'ancienne, comparée avec la moderne. On pourra suivre la *Geographie des Enfans* de *Langlet* du *Fresnoi*. Mais il faut absolument qu'il y ait des Cartes. Point de Géographie sans Cartes: on ne l'apprend solidement qu'à force de les voir, & le travail en est incomparablement moindre. Point de Sphére que le globe terrestre. La Sphére armillaire, qui est l'ancien systéme du Ciel, de Ptolomée, n'est plus d'usage en Physique: pourquoi s'obstineroit-on à la montrer ? Il eſt au moins inutile d'apprendre ce qu'il faudroit enſuite oublier ; & l'autre Sphére, qui eſt celle de Copernic, eſt encore trop forte pour cet âge. Les Enfans s'y tourmentent beaucoup, & y mordent peu. Il faut aller par degré ; c'eſt toujours la grande méthode.

Connoiſſances inſtrumentales.

LE LATIN.

Dialogues Latins ſur les choſes & affaires uſuelles, en phraſes courtes & ſimples. C'eſt le plus utile & ce qu'on retient le mieux ; il faut les expliquer, les faire traduire & apprendre par cœur. Nous en avons beaucoup, mais aucun peut-être qu'il ne faille retoucher pour le fonds ou pour la forme. Ceux qui connoîtront bien les Comédies de Térence, les Epîtres d'Horace, & les Fables de Phédre, les Lettres de

Ciceron, de Senèque & de Pline, y travailleront avec succès. Et quand le Latin nous refusera des mots pour les choses modernes, il sera bien force d'en composer. Ce Livre élémentaire est un des plus importans.

L'Arithmetique.

Suivre la division, la régle de proportion & les fractions ; appliquer les exemples aux monnoyes, poids & mesures : ce sont des choses généralement trop ignorées. Faire les mêmes opérations en méthode Algébrique. On commencera à en sentir la commodité dans le jeu des fractions & des rapports.

Nous avons à present quatre leçons de mémoire, deux pour le matin & autant pour le soir, & nous n'en aurons jamais d'avantage. Ne craignez pas que ces leçons fassent tort au Jugement ; au contraire elles le préparent,

De quoi jugera-t-on si l'on ne commence par connoître ? La mémoire est avide, & ne demande qu'à se remplir. Le Jugement est lent à se former ; le danger est de le trop presser. Quelques observations jettées comme par hazard ; quelques questions faites à propos donnent plus de jour à l'esprit que ces dissertations déplacées, ces maximes verbeuses dont on a la mauvaise coutume de l'étourdir.

La Danse.

L'on peut à cet âge donner un Maître de Danse, mais seulement pour marcher. La juste position du Corps, le bon air à se présenter & saluer, en faut-il d'avantage ? Les Maîtres montrent le menuet, & éternellement le menuet : rien de plus beau ; un menuet bien dansé est le chef d'œuvre de l'Elégance & des graces. Mais où voit-on que le

Menuet ſoit une danſe d'Enfans? cela eſt trop grave, trop ſolitaire pour eux. Les Payſans l'entendent mieux; ils danſent pour ſe remuer, pour ſauter, pour rire. Que l'on me donne des danſes compoſées pour le nombre; mais ſimples pour la figure, avec des airs bien chantans, bien gays, alors ce ſera un vrai exercice, auſſi amuſant qu'utile à la ſanté, ſur tout pour l'hyver, où l'on ſort peu; & les Enfans ne ſe plaindront point qu'on leur dérobe le temps de leurs récréations, pour les ennuyer à faire toujours platement & triſtement les mêmes pas.

TROISIEME CLASSE.

De dix à onze ans.

Deux heures & demi le matin, autant le ſoir.

RELIGION.

Hiſtoire Sainte. Nous en avons beaucoup d'abregés; mais le

meilleur seroit un extrait suivi des Livres Historiques de l'Ecriture Sainte, formé autant qu'il se pourra du pur texte, que l'on aura l'attention de faire expliquer, en marquant soigneusement le peu que l'on croira nécessaire d'y ajouter pour lier les faits, & en s'arrangeant de façon que l'ancien & le nouveau Testament fournissent des léçons à cette année & à la suivante. Il ne faut pas glisser trop legérement sur les Loix de Moise. Il y a un chef d'œuvre d'œconomie politique, dont les plus fameux Législateurs n'ont pas approché. Des Enfans de cet âge ne peuvent pas le sentir ; mais il leur en restera une idée qui servira dans la suite.

Morale.

Une petite Histoire universelle. On peut suivre celle que *La Croze* a faite pour les Princes de

Saxe Gotta, en y changeant comme il convient quelques petits endroits ; ou celle qui est dans le recueil intitulé, *Science des Gens de Cour, de Robe & d'Epée*, ou celle de *Buffier* avec ses Vers Techniques. Cette sorte de Vers, quoique peu goutée par bien des gens, est cependant une vraie Chronologie en rimes, & par conséquent plus aisée pour la mémoire. Or il n'y a point d'histoire sans Chronologie, non plus que de Géographie sans Cartes. Il faut absolument mettre dans sa tête le double tableau de l'Univers, celui des lieux & celui des temps, & voir sur le fond de son imagination la ligne des grandes époques, comme on parvient à y voir le plan des pays & des mers. Ainsi la Chronologie est l'objet propre de cette année, en avertissant des opinions diverses, mais sans les discuter.

Physique.

La Cosmographie. C'est ici le lieu de recourir à la Sphére de Gorpernic ; sans se lasser de l'expliquer, jusqu'à ce qu'il ne reste plus de nuage. On a une Cosmographie très-suffisante dans la petite Physique intitulée. je ne sais pourquoi, *Grammaire des Sciences Philosophiques*, traduite de l'Anglois de *Benjamin Martin*. Et l'on consultera encore, si l'on veut, *l'Histoire du Ciel de Pluche* ; mais toujours en évitant les Systémes. Il ne faut que les grands traits de l'Univers.

Langue Latine.

L'on fera traduire des traits courts, dégagés des embaras, & toujours analogues aux leçons des sçiences que l'on apprend alors, par conséquent tirés de la Sainte Bible & des Peres aussi bien que des bons Ecrivains profanes. Les

Peres

Peres ont ſurement autant d'eſprit que les plus beaux Génies d'Athénes & de Rome. On ne peut les connoître trop-tôt ; & cela vaut mieux que de s'attacher à un ſeul Auteur Latin, que le plus ſouvent même on n'achéve pas. Cela fait ſuite avec le reſte & accoutume aux différens ſtyles. On a les *Hiſtoriæ Selectæ*, & les *Latini Sermonis Exemplaria*, qui ſont des recueils très-eſtimables. On a des morceaux choiſis de l'Ecriture & des Peres dans le Bréviaire de Paris. Pourquoi ne montreroit-on pas aux jeunes Fidéles, ce que l'Egliſe fait réciter à ſes Prêtres au nom de tous les Fidéles.

Je n'ai jamais compris que l'on pût travailler ſérieuſement à enſeigner à des Enfans les *délices* & *Elégances*, ou ſoi-diſant telles, d'une Langue morte, qu'ils n'entendent point encore & qu'ils ne ſentiront jamais bien. Ne diroit-on pas que l'ancienne Rome va renaître de ses ruines, & qu'au sortir du Collége, ils vont haranguer le Peuple sur la tribune, ou réciter des Poëmes à Auguste? Il s'agit d'entendre le Latin, non pour le Latin même, mais pour les choses utiles écrites dans cette langue, & de le parler, non pour devenir Préteur ou Consul, mais pour se faire entendre à des Etrangers qui ne veulent que nous entendre. Aussi est-il à propos d'exercer dès-lors, & même d'obliger les Enfans à parler Latin entr'eux & avec leurs Maîtres. La Grammaire, les petites Phrases & les Dialogues des deux années précédentes les y ont assez préparés.

Arithmetique & Géometrie.

L'on achevera l'Arithmetique, en poussant l'Algébre jusqu'aux Equations simples, & en proposant divers problémes interressans sur cet objet. Les *récreations ma-*

thematiques d'*Ozanam* en fourniront des modéles. Quand on va doucement & de suite, le travail est leger. Ces jeunes têtes apprendront à se faire un badinage du calcul.

Ensuite on les initiera aux premiers Elemens de la Géométrie, en se bornant aux définitions & aux petits Problêmes, pour les façonner à la Régle & au Compas. Les Elémens de *le Blond*, ou de *Dechales* sont plus que suffisans pour lors.

Musique.

C'est aussi le temps d'apprendre la Musique, surtout l'instrumentale, qui demande des doigts souples & du tems; mais il est essentiel de commencer toujours par la Vocale: car quand on connoit la Notte, la Mésure & le Mouvement, l'Oreille & l'Oeil sont libres; il n'y a plus que la main qui travaille, & le progrès devient sensible.

QUATRIEME CLASSE.

De onze à douze ans.

Les heures, comme l'année précédente.

RELIGION.

Suite des extraits de l'Histoire Sacrée, comme ci-dessus.

On y verra comment le Peuple Juif qui auroit dû cent fois être anéanti, mais qui avoit le dépôt des Oracles, & dont le Christ devoit sortir, s'est toujours relevé & soutenu, jusqu'à ce que le Mistère du salut a été manifesté au monde, & que l'Eglise s'est établie sur les ruines de la Synagogue.

Morale.

L'Histoire Ancienne. Souvenons-nous que c'est pour apprendre par cœur, toujours une table Chronologique & des Cartes devant les yeux; & qu'ainsi elle doit être très-courte, d'environ 200. pages au plus, par conséquent très substantielle, & plus en observations qu'en récits. L'immortel *Discours sur l'Histoire universelle de Bossuet* est sans doute un modéle en ce genre. On remarquera comment les Peuples se sont formés, divisés, réunis. Comment les uns ont subjugués les autres, & ont ensuite été subjugués eux-mêmes; quels hommes & quels événemens ont le plus contribué à ces grandes révolutions, & quelles influences ont eu mutuellement les unes sur les autres la politique & la Religion, les Sciences & les mœurs.

L'on ne fera qu'une mention très-legére des Fables des Grecs adoptées par les Romains, & simplement comme d'une partie de leur Littérature ou de leur Religion. J'en demande pardon aux Amateurs de la Mithologie; mais un objet si extravagant, &

qu'il seroit plus qu'inutile de connoître sans le goût servile des statuaires & des Peintres qui n'imaginent rien de mieux que de nous les répéter, ne doit pas occuper sérieusement un temps court & précieux. Celles qui sont évidemment morales font corps avec les apologues d'Esope & de Phédre; & dans ce point de vue, l'on en fera des lectures agréables & instructives, comme nous le dirons dans la suite.

Physique.

L'Histoire naturelle des trois *Regnes*. C'est encore ici un ouvrage à faire.

Les Allemands ont mieux étudié les minéraux, parce que leur Pays les invite naturellement à ce travail. L'on suivra donc, si l'on veut, la méthode de *Cartheuser*, ou de quelqu'autre; mais les leçons sont totalement inutiles en ce genre, si l'on n'a des échantillons des principales espèces : & si on en excepte les Pierres précieuses, c'est une très-petite dépense. Le plus important peut-être est de bien connoître les terres, puisque c'est l'essentiel de l'Agriculture. Dans les Provinces où il y a des Mines, comme la Lorraine & le Dauphiné, &c. on aura soin d'appuyer davantage sur cet article.

Il en sera de même des Plantes. Il faut un Herbier ; & en se bornant aux Plantes les plus usuelles, le volume ne sera pas immense. On peut donner une idée des Méthodes de *Tournefort* & de *Linnæus* ; mais comme nous visons toujours moins au curieux, qu'à l'utile du moment, il vaudra mieux, après quelques observations sur la Végétation & la Greffe, les ranger selon leurs qualités comme Remédes & aussi comme Alimens, ce qui est peut-être beaucoup trop négligé, &

l'on pourra ſuivre Boerhaave, ou Chomel, &c. d'autant plus que l'on ne les diſtingue bien ſurement qu'à force de les voir. A préſent les promenades deviennent un exercice autant pour l'Eſprit que pour le Corps ; & toute la Campagne devient un Jardin de Botanique.

L'Etude des Animaux ſera encore plus reſtrainte. Les grandes Ménageries ne ſont que pour les Princes, & les grands Cabinets que pour les Capitales. On n'eſt pas à portée d'en jouir : & tout cela même eſt très incomplet, quoique ſouvent trop chargé. Car deux cents Papillons & autant de Coquillages, qui ne différent que par leurs nuances, n'inſtruiſent pas plus ſur la nature de ces animaux, que deux cents variétés de Marbre ſur celle des Pierres Calcaires. Il eſt permis de s'amuſer des couleurs, mais les Moutons, les Vers à ſoye, les

Abeilles,

Abeilles, &c. sont vraiment dignes d'une sage attention. M. de *Reaumur* & de *Buffon* nous prêteront ici de grands secours; c'est là de ces hommes qui savent voir & dire ce qu'ils ont vu.

LE LATIN, *comme l'année précédente.*

Les bornes étroites que nous donnons à nos abrégés d'Histoire, ne nous permettent pas de détailler aucun trait. Nous pouvons trouver ici un suplément, en choisissant pour traduire les endroits les plus intéressans: & il y a une manière de les rendre infiniment utiles; c'est de demander aux Eléves ce qu'ils en pensent, jusqu'à ce que quelqu'un rencontre bien, en les engageant à parler, plutôt qu'en parlant soi-même. S'il y a un secret pour développer leur Raison & hâter leur jugement, je crois que c'est cela.

La Geometrie.

L'on continuera les Elémens en finissant par la Trigonométrie

Rectiligne, & en joignant partout, autant qu'il se pourra, la pratique aux régles, en grand & sur le terrain, pour ôter la tentation si naturelle de dire : à quoi tout cela sert-il ? L'on pourra suivre pour cette partie & les suivantes le petit *Cours de Mathematique* de *Volff*, que nous avons en François, ou en chercher un meilleur. Lorsqu'on aura conduit un Enfant, jusqu'à la fin des élémens d'Algébre & de Géométrie de *Clairaut*, il saura sur ces deux objets tout ce qu'il faut savoir.

Dessein.

On commencera, si l'on veut, les premiéres leçons du Dessein, par l'ornement & les fleurs, pour prendre une idée du Trait & des Ombres ; ensuite un peu de Figure, moins pour prétendre y réussir à un certain point, ce qui demande un travail long & assidu, que pour apprendre les proportions du corps humain, & saisir les attitudes.

CINQUIÉME CLASSE.

De douze à treize ans.

Mêmes heures.

RELIGION.

L'on a parcouru l'historique des Livres Sacrés, il faut passer aux Prophêtes; & puisqu'ils ont composé d'avance l'histoire de Jesus-Christ & de l'Eglise, il paroît convenable de former la suite des extraits, moins selon l'âge de ces écrivains inspirés, que selon l'ordre des faits. On y verra avec admiration la sublimité des idées & l'exactitude des rapports, fondemens sensibles de la Religion établie par l'esprit suprême, seul capable d'annoncer l'avenir, parce que tout est présent pour lui.

Cela n'occupera que quelques mois; & ensuite l'on commencera l'Histoire Ecclésiastique, jusqu'à l'Epoque de la paix de l'Eglise sous Constantin. On pourra consulter ici, comme pour les autres parties, les *Principes de l'Histoire* de *Langlet du Fresnoi*. Nous avons de plus *l'abregé Chronologique* de *Maquer*, &c. mais je demande cet ouvrage en Latin, parce qu'il s'agit de la Religion, & que cette langue lui est consacrée ; seulement on continuera de faciliter les Leçons par une explication légére. (*Morale.*)

L'Histoire moderne, aussi abregée que l'ancienne, mais aussi pleine d'objets réellement importans. Les Nations libres du nouveau monde présentant comme les premiers hommes connus des images du Droit naturel, méritent à cet égard une attention particuliere. Outre *Langlet du Fresnoi*, nous avons un Ouvrage bien supérieurement écrit ; c'est l'Abregé de *l'Histoire universelle de M. Voltaire*; tout y est réflechi, & tous les traits peignent; seulement comme on travaille pour des Enfans, il faut éviter toute insinuation, tout point de vue, d'où peuvent leur naître des difficultés que l'on n'a pas alors le loisir de résoudre.

Physique.

Nous allons commencer un cours de Physique expérimentale; & M. l'*Abbé Nollet* sera notre principal guide; mais nous nous bornerons pour cette année aux propriétés communes des corps, à ce qui regarde en général l'eau, l'air, le feu, & la lumiere. Il nous faut ici quelques machines, & une main un peu exercée à s'en servir.

Mathematique.

La Méchanique se place naturellement à côté des premieres leçons d'expérience physique. Ces deux études s'apuyent & n'en font qu'une; mais il faut voir toutes les machines que l'on peut & les faire jouer soi-même.

Dessein.

Le Dessein marchera aussi de concert avec elles, en s'occupant des Machines & de l'Architecture. On trouvera des Machines à choisir dans le beau recueil que l'Académie des Sciences a autorisé de son approbation ; mais le mieux seroit d'avoir des modèles en petit, & l'excellent de les dessiner d'après Nature. Quant à l'Architecture, je dois observer ici, puisque l'on s'y méprend quelquefois, que c'est l'entente des touts & la distribution des parties, relativement à l'emplacement & à la destination des Edifices, qui constituent l'Architecture, & non les cinq Ordres, qui n'en sont que l'ornement. Il faut donc s'exercer sur les plans réels, plus que sur les élévations de parure.

Le Latin.

Le latin va toujours pareillement aux autres Etudes. Nous en sommes à l'Histoire Moderne; nous en donnerons quelques traits quelques descriptions, quelques éloges à tourner en Latin, sans abandonner absolument les Versions en François. Je ne commence qu'à présent à faire écrire en Latin; parce qu'à present les Enfans ayant traduit & parlé long tems en sont à peu près capables, & que plutôt ils ne s'y fussent essayés qu'avec dégout & sans fruit.

SIXIEME CLASSE.

De treize à quatorze ans.

Les heures comme auparavant.

Religion.

Suite de l'Histoire Ecclésiastique, jusqu'à notre Siécle.

La Doctrine souvent attaquée ou par les violences des Persécuteurs, ou par les illusions des Hérétiques, & toujours défendue par l'autorité des Conciles Généraux, & par les écrits des Saints Docteurs : La discipline asservie par l'orgueil, ou corrompue par le luxe, & toujours rappellée par le zèle des Chretiens éclairés ; ce sont les deux grands objets de cette Histoire ; où les écarts & les troubles n'empêchent jamais de voir la perpétuité de la foi, & la pureté des mœurs de l'Evangile.

Morale.

L'Histoire de France. On a la petite Histoire de *Châlons*, qui n'est peut être pas assez lue, & *l'Abregé* de M. *le President Henaut*, qu'on ne lira jamais trop. Mais le point le plus important dans un espace si serré, est, si je me trompe, d'y marquer la trace de notre droit public, si peu apperçu dans nos grandes Histoires, & généralement si negligé parmi nous. On aura toujours assez le temps de voir le sang ruisseller dans les Batailles, & d'y compter le nombre

bre des morts. Il faudroit même réserver quelques Leçons pour le Blazon. Ce sera une occasion d'indiquer les principales Familes & les Terres titrées du Royaume.

Physique.

L'on continuera la Physique expérimentale ; & cette année sera toute occupée par la Chymie, la Végétation & l'Anatomie. La distillation & l'extraction des Sels ; le développement des Germes, & l'organisation des Plantes ; le Méchanisme général & la nutrition du Corps humain peuvent être partagés avec un tel soin, que l'on en prenne des notions assez lumineuses.

Mathématique.

L'on verra les principes de l'Optique, qui donnent ceux de la Perspective ; & l'Acoustique, qui donne la Théorie des Sons & les fondemens de la Composition Musicale. Les Jeunes gens pourront déja faire entr'eux de petits concerts, & voir les atteliers & manufactures. On peut assurer, je crois, qu'ils s'y intéresseront, & que cela vaudra bien pour eux les Marionnettes, &c.

Dessein.

On dessinera des Plans Ichnographiques, & des Paysages: tout cela va de suite.

Le Latin.

Comme l'année précédente. On pourroit de plus s'exercer à écrire quelques Lettres en Latin sur des sujets donnés.

La Danse.

C'est le temps d'apprendre si l'on veut, le Menuet & les Contredanses de mode, puisque nous touchons bientôt à celui où l'on se hâte, & trop mal à propos peut-être, de montrer ses Enfans au monde: mais si on les aime aussi réellement qu'on en fait parade, & pour eux plus que pour soi, que ne se souvient-on que nos Bals furent souvent l'Ecueil, & jamais l'Ecole des mœurs, ni de la Fortune.

SEPTIEME CLASSE.

De quatorze à quinze ans.

Trois heures le matin; deux heures & demie le soir.

Les fondemens de l'Histoire sont jettés, nous entrons dans la Théorie. La mémoire est enrichie, autant qu'il se peut, & qu'il convient à cet âge; l'esprit s'est essayé sur quelques parties des mathématiques; il va s'étendre & développer ses forces.

Logique.

Aidons-nous des secours de la Logique. Je l'ai dit ailleurs; la bonne Grammaire est sa vraie baze. Parcourons-donc encore la *Grammaire générale & raisonnée*, & ajoutons y les *Tropes* de *du Marsais*. Quand on entend bien la propriété des mots, & la force des expressions figurées, c'est un grand point pour parler juste & s'entendre.

Les Regles du Syllogisme sont courtes & simples ; & toutes les sortes de raisonnement se rappellent au Syllogisme, comme toutes les méthodes de raisonner se réduisent à l'Analyse & à la Synthése. La Logique, ou *l'Art de penser* de *Port-Royal* suffit pour ces deux articles.

Après cela *le Clerc* nous apprendra les régles de la *Critique* ou l'art d'apprécier l'autorité des Ecrivains, & la verité des faits.

Enfin, ce qui est le plus délicat, & peut être le plus usuel, quoique le plus négligé, ce sont les dégrés de Probabilité, pour décider, dans l'obscurité des raisons, & l'incertitude des faits, le jugement & la conduite. On les trouvera calculés dans *l'Introduction à la Logique* de *S'gravesande*.

Morale.

Le premier usage de la Logique eſt de s'élever à la Méta-phyſique de la Morale, & le premier objet de la Métaphyſique eſt Dieu, non pour que l'on oſe mettre en queſtion ſon Exiſtence, ce qui eſt au moins ſuperflu à tous égards, mais pour ſe convaincre de ſa Majeſté ſuprême & de ſon aimable Providence. Le ſecond eſt l'Ame, c'eſt-à-dire ſa ſpiritualité & ſa liberté, d'où s'enſuit la néceſſité de quelques régles que l'homme doit ſuivre, le mérite naturel de la vertu, & par conſéquent une autre vie deſtinée au châtiment & à la récompenſe. On pourra former un extrait du Commencement du *Traité de la Religion* par *Abbadie*, de *l'Introduction a la Metaphyſique* de *S'graveſande* & des *principes du Droit Naturel* de *Burlamaqui*.

RELIGION.

L'on donnera les Preuves fondamentales du Chriſtianiſme, d'après *Grotius*, *le Francois*,

Ditton, &c. Mais comme c'est rester à mi-chemin que de montrer l'autenticité des Livres Sacrés & la Divinité de Jesus-Christ ; si l'on n'établit encore l'unité & l'infaillibilité de l'Eglise, sans laquelle on peut abuser à son gré des Livres Sacrés, & s'égarer sur la Doctrine de Jesus-Christ ; il faut que cette question importante soit entamée avec précision, & traitée avec une vérité qui satisfasse.

Physique.

Exposition & discussion courte des Sytêmes généraux. La Physique Latine de *le Monnier* fournira à peu près toutes les lumieres nécessaires : mais je suis d'avis qu'on donne cette partie en François.

Mathématique.

L'Astronomie avec quelques observations, le Télescope en main, &c. & son application à la *Gnomonique* & au Pilotage, avec les principes de la Construction des Vaisseaux.

Dessein.

En conséquence on dessinera des Marines, & des Vaisseaux avec leurs coupes.

Le Latin.

Il paroît qu'avec l'habitude que l'on a contractée de parler cette langue, & de la traduire sur toutes sortes de sujets, on est présentement en état de s'exprimer avec quelque aisance. Pour l'augmenter on donnera la Métaphysique, & les Preuves de la Religion en Latin, & selon la méthode Scholastique par Syllogismes, objections & réponses.

Quelque prévention que certaines gens montrent contre cette méthode, l'expérience prouve qu'elle sert merveilleusement à exercer l'esprit, & à le rompre aux matières de discussion. C'est l'abus des termes vuides de sens, les questions frivoles ou absurdes, la déraison & l'opiniatreté à ne se pas rendre, qu'il faut absolument proscrire; & non la dispute sage & honnête, mais suivie & exacte, qu'il faut au contraire encourager, & à laquelle les gens sensés ne peuvent qu'aplaudir.

Les Armes.

Voici un tout autre genre de dispute; mais où il faut de même réunir la précision & la sagesse. Cet âge est le temps de faire des Armes; mais comme malheureusement ce n'est pas toujours un jeu, & qu'il vaut mieux n'en point savoir du tout, que de n'en savoir qu'à demi, parce que l'on est moins exposé à la tentation & au danger, l'on continuera encore l'année suivante, quoique seulement par intervalles, & alors on y ajoutera le Manége, si l'on est à portée de se procurer cet exercice.

HUITIEME ET DERNIERE CLASSE.

De quinze à ſeize ans.

Les heures, comme l'année précédente.

Cette année & la précédente ſont les plus chargées d'études, au rebours de l'uſage ordinaire; mais la raiſon en eſt ſimple l'on eſt plus fort; & l'on va finir.

RELIGION.

Expoſition de la doctrine Chrétienne Dogmatique & Morale. On ſuivra le plan commun des Ecoles de Théologie. Chaque Théſe ſera prouvée par des Textes formels de l'Ecriture, des Conciles, & des Peres, mais ſans diſcuſſion & ſans écarts; c'eſt-à-dire, que l'on aura un bon & ſolide Catéchiſme Latin, d'où ſera exclu avec ſcrupule tout ce qui n'eſt qu'opinion, & encore plus toute nouveauté ſuſpecte ou combattue. La Religion eſt ſimple, fixe, ſublime; c'eſt un attentat & un ſcandale d'oſer l'embarraſſer de ces vains & périlleux Syſtémes.

Je quitte déja la méthode Syllogiſtique. Il n'y a rien à faire ici que pour la mémoire ; & l'on n'inſtruit la mémoire que pour diriger les ſentimens.

Morale.

Le Droit naturel. On a les *Loix naturelles* de *Cumberland*, & le Droit naturel de *Volff* abregé par *Formey*. On conſultera auſſi avec fruit l'excellent traité préliminaire des *Loix civiles* de *Domat* ; mais il me paroit important, au lieu d'appuyer ſur les détails, de marquer les principales exceptions du Droit poſitif, toujours fondées ſur des raiſons de convenance, & autoriſées ou par la Religion révélée, ou par le renoncement des Peuples aux priviléges primitifs.

Enſuite une idée du Droit des Gens, ou pour mieux dire, du Droit public de l'Europe. Nous en avons un bon essai par M. *Mably*, avec des notes de *Rousset*. En général nous ignorons trop ces objets ; & delà vient que tant d'Esprits hardis & présomptueux parlent si témerairement des Droits des Souverains & des Peuples, de la Politique & des Mœurs.

Ici comme pour la Religion, il faut expliquer & répondre aux questions, mais sans dispute entre les Eléves, parce qu'à cet âge où l'on est vif, suffisant, & encore peu ferme sur les principes, on ne dispute guére sans indécence & sans danger, ni sur les Dogmes avérés de la Religion, ni sur les Préceptes innés du Sentiment, ni sur les Loix fondamentales des Etats.

Physique.

C'est un troisiéme Catéchisme à apprendre comme les deux précédens. On y indiquera les principes généraux de la Médecine d'après *Boerhaave* & *Cheyne* ; de l'Agriculture, d'après M. *du Hamel* & *Patullo*; & du Commerce d'après *Belloni* & M. *Forboney*. Le tout en Aphoriſmes, ou préceptes ſimples, mais dont les raiſons ſeront miſes par l'explication dans une évidence ſenſible.

Mathématique.

Je ne dis rien ici de la guerre parce que je finis les Mathématiques, par les Fortifications & l'Artillerie, ce qui méne à la guerre de Siége; & le Deſſein par les Plans de Batailles, ce qui donne quelque idée de celle de campagne. Au ſurplus je ne crois pas qu'il ſoit permis de ne faire qu'effleurer les principes d'une Théorie ſi compliquée, & pour cela même il faudroit d'autres Maîtres que des Profeſſeurs de Collége, & d'autres Théatres que leurs Jardins.

Rhétorique & Poëſie.

Il me reſte à égayer la ſéchereſſe de tant d'Etudes graves par les fleurs de la Rhétorique & les charmes de la Poësie. Il a fallu apprendre un peu à raisonner avant de songer à embellir la raison & empêcher le brillant hardi de l'Imagination d'offusquer les lumiéres encore foibles du bon sens. C'est à ces deux beaux arts que je consacre tout le tems de cette année que laisseront les quatre leçons précédentes.

On donnera, si l'on veut, les régles les plus simples & les moins contestées de l'un & de l'autre, d'après le *Cours des Belles Letres* de M. *le Batteux*, en les appuyant de quelques beaux morceaux des deux Langues, pour le Sacré & pour le Profane; mais point de moyen plus efficace & plus court que d'analyser quelques ouvrages entiers de chaque genre, d'en saisir le plan, le remplissage & les détails. Les Regles dirigent le goût; mais les grands modéles l'épurent. On parvient à aimer le

Beau, & à juger par sentiment; ce qui est toujours le plus agréable, & aussi le plus sur, quand le sentimeut a été éclairé par la Raison.

Moyens de faciliter les Etudes.

J'ai differé jusqu'à présent de parler de deux moyens généraux, & ce me semble, indispensables, pour assurer nos Etudes, & y répandre de l'agrément.

PREMIER MOYEN. *Répétitions.*

La Mémoire des Enfans est un crible, dont les choses échappent aussi aisément qu'elles y entrent. On n'en remplit les vuides qu'à force de répeter. Je voudrois donc que toutes les semaines, on répétat le Dimanche matin les Leçons de Religion; le Lundi matin, celles de Morale, & le Jeudi matin celles de Physique. Je suppose que le Mercredi soir est congé, & rien autre. De plus, que le premier jour après les Fêtes de Noël;

Pâque, & Pentecôte, fût employé à répéter les Leçons des intervalles précedens, les derniers jours de l'année à répéter le tout, même en public, & les premiers de l'année suivante à les répéter encore. Ainsi l'on tiendra la paresse en haleine, pendant les Vacances ; l'on mettra en évidence les progrès réels, & les Esprits dissipés se remettront sans effort sur les voyes.

SECOND MOYEN. *Lectures.*

J'entends que les répétitions de Semaine n'occuperont que la moitié du temps de l'Ecole. Car en interrogeant sans suite tantôt l'un, tantôt l'autre, il est aisé de voir s'ils savent, d'autant plus que l'on connoît bientôt les paresseux. Il y a une façon encore plus commode d'en être sur, c'est de charger les premiers Ecoliers de chaque Classe de faire répéter leurs Voisins, sous peine de payer pour eux, s'ils sont surpris à rendre en leur faveur un témoignage trop indulgent. Or je demande qu'à chaque répetition l'on fasse succéder réguliérement quelques petites Lectures choisies, rélatives aux Leçons courantes; c'en sera un heureux supplément, & les Enfans s'habitueront à lire proprement, avec grace, & intelligence, ce qui est un talent très-peu commun. On réservera même une petite demi-heure, pour faire rendre compte à quelques-uns de ce qu'ils ont entendu, & répondre aux difficultés que l'on permettroit à d'autres de leur faire. Ceci regarde surtout les Classes un peu avancées; & il suffit, je pense, de proposer cette idée pour que l'on en pressente tout l'avantage.

Je vais donc indiquer quelques Livres courts, mais bien écrits, & analogues à mon objet, en les plaçant de suite à côté de chacun des petits traités qui nous servent de Leçons.

PREMIERE ANNE'E.

LECONS.

Catechisme de Fleury.

Livres des Enfans.

Lectures pieuses, pour les Dimanches & Fêtes. Explication courte de l'Epitre & Evangile du jour. Instruction sur la fête, ou vie du Saint.

Lectures des autres jours.

Dialogues Socratiques, de Vernet. Et des Morts, de Fenelon. Quelques Fables de la Fontaine, & Métamorphoses d'Ovide. Quelques beaux endroits du Spectacle de la Nature.

SECONDE ANNE'E.

Leçons. Les mêmes traités que ci-dessus, en Latin, & la Géographie.

Lectures. Mœurs des Israëlites & des Chrétiens, de Fleury. Pensées choisies des Peres de l'Eglise par Bouhours. Abrégé des Mœurs & Coutumes des Peuples, par Massinet. Pensées choisies des Anciens & des Modernes, par Bouhours. Le Télémaque de Fenelon.

TROISIEME ANNE'E.

Leçons. Abrégé de l'Hiſtoire Sainte. Abrégé de l'Hiſtoire Univerſelle. Abrégé de la Coſmographie.

Lectures. Extrait de la Bible, avec des réfléxions, de Roiaumont (Sacy). Les Conſeils de la Sageſſe. Hiſtoire du Ciel poëtique, de Pluche. La Pluralité des Mondes, de Fontenelle. Le Newtonianiſme, d'Algarotte.

QUATRIEME ANNE'E.

Leçons. Suite de l'Hiſtoire Sainte. Hiſtoire Ancienne. Hiſtoire Naturelle des trois Régnes.

Lectures. Vie de J. C. par Dom Calmet. Apologétique, de Tertullien. La Grandeur de Dieu dans les ouvrages de la Nature, Poëme de Dullard. Quelques Vies, de Plutarque. Réflexions de l'Empereur M. Antonin.

CINQUIEME ANNÉE.

Leçons. Précis des Prophétes & Hiſtoire Eccléſiaſtique. Hiſtoire Moderne. Phyſique expérimentale.

Lectures. Régles pour l'intelligence de l'Ecriture Sainte, par Duguet.

Discours de Fleury sur l'Histoire Ecclésiastique. De l'existence de Dieu, de Nieuwentit. Histoire des Belles-Lettres, de Javenel de Carlencas. Caractères de la Bruyere.

SIXIEME ANNÉE.

Leçons. Suite de l'Histoire Ecclésiastique. Histoire Nationale. Physique expérimentale, Chymie, &c.

Lectures. Saint Cyprien, de l'unité de l'Eglise. Histoire abrégée des Héresies. Eloges de Fontenelle. Hommes illustres, de Perrault. La Henriade, de Voltaire.

SEPTIEME ANNE'E.

Leçons. Traité de la Religion. Morale. Métaphysique. Systêmes Physiques.

Lectures. Connoissance de Dieu & de soi-même, de Bossuet. La Religion, Poëme de Racine. Pensées de Pascal. Essai sur l'homme, de Pope, par Duresnel. Origine ancienne de la Physique nouvelle, de Regnault. Abrégé de l'Essai sur l'Entendement humain de Lock. Traité des Sistêmes, de Condillac.

HUITIEME ET DERNIÉRE ANNE'E.

Leçons. Exposition de la Doctrine Chrétienne. Aphorismes de Médecine. Agriculture & Commerce. Droit Naturel, & Droit Public d'Europe. Rhétorique & Poëtique.

Lectures. Endroits choisis de la Cité de Dieu, de Saint Augustin. Sermons de Bourdaloue. &c.

Oraisons Funébres, de Fléchier, &c. Essai sur le Beau, d'André. Art poëtique, de Boileau. Quelques piéces de Théâtre, &c.

Si avec ces Lectures, l'on a soin de citer dans chaque traité les Auteurs qui ont le mieux écrit sur chaque partie, l'on aura une Bibliothéque toute dressée pour la plûpart des Etudes de convenance, où souvent, sur tout dans les Provinces, on manque de Guides assez éclairés pour aller aussi loin que le Génie naturel semble le promettre, ou du moins assez sages pour souffrir que l'on ne suive pas servilement leur marche.

CONCLUSION.

Les premiéres Etudes sont achevées, & je crois mes promesses accomplies. A présent que l'esprit s'est tâté dans tous les genres, on peut faire un chóix avec espérance de succès. Que l'on s'éléve aux sublimités de la Théologie ; que l'on s'enferme dans le Labyrinthe du Droit ; ou que l'on se proméne dans les obscurités de la Médecine. Que l'on marche aux périls brillans de la Guerre ; ou que l'on se jette dans le tourbillon épineux des Affaires publiques ; ou que l'on se cache dans les sentiers lucratifs du Commerce & des arts ; on ne s'y trouvera point absolument neuf. Quelqu'état que l'on embrasse, on pourra s'y livrer tout entier, avec une confiance assez bien fondée, que l'on en sait sur le reste à peu près autant que la plupart de ceux mêmes qui passent pour cultivés

& instruits ; puisque la plûpart ayant étudié sans méthode, savent sans méthode & sans but, par particules détachées, & toujours nageant vaguement sur les surfaces.

Je ne sais si je me trompe, si je donne trop à mes idées, si une fausse lueur me séduit ; mais il me semble que mon Plan est bon & pratiquable, qu'il fera des Chrétiens éclairés, & des Citoyens utiles ; il me semble que s'il rencontre des Contradicteurs, la routine de penser ne prescrira point contre les avantages démontrés d'une innovation nécessaire ; que tôt ou tard je serai écouté & suivi, ou qu'un meilleur genie montrera une meilleure route, ce qui seroit le comble de mes vœux.

FIN.

LETTRE
A
PHILOPENES,
OU
RÉFLEXIONS
SUR LE
RÉGIME DES PAUVRES.

M. DCC. LXIV.

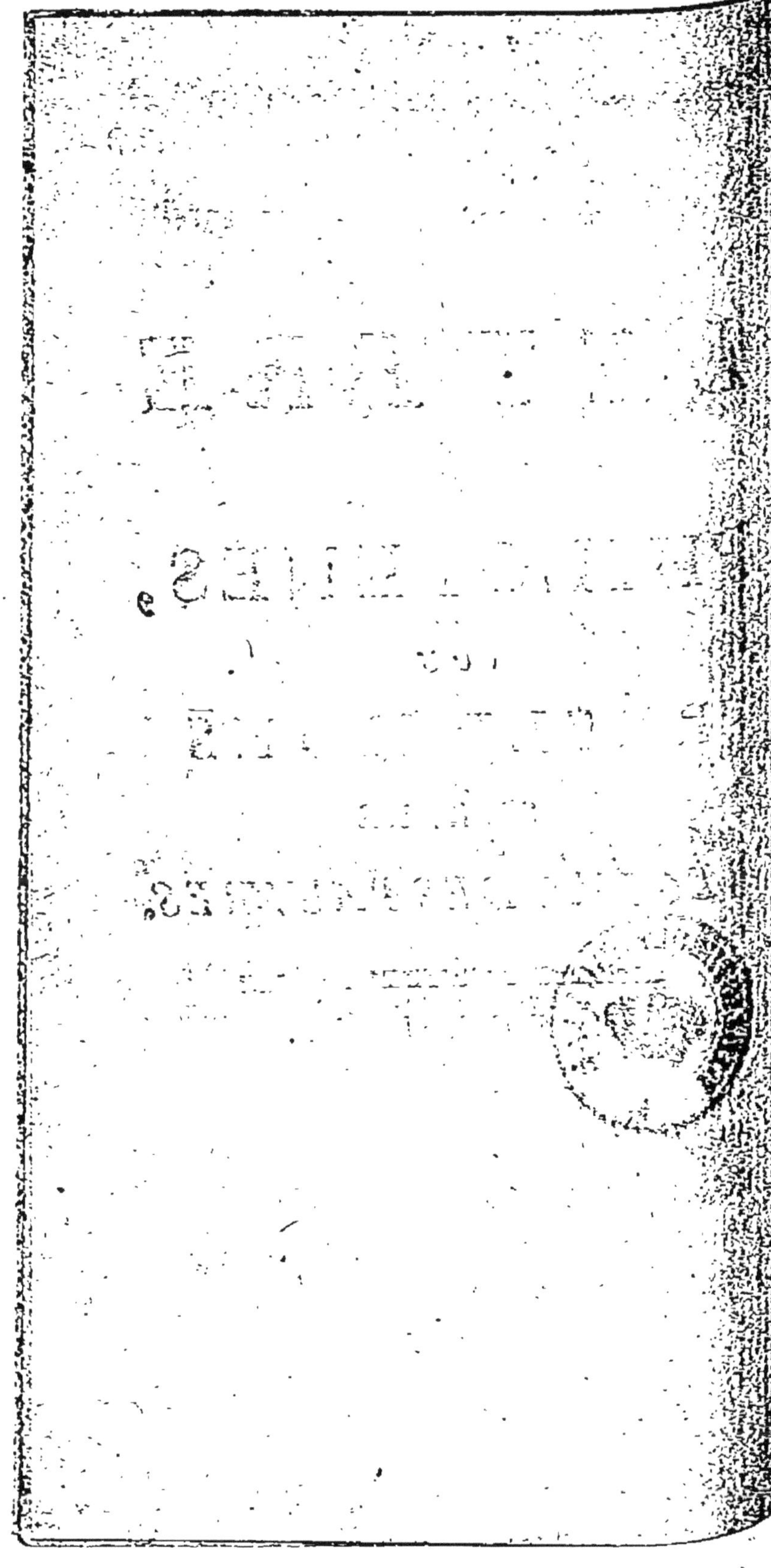

DÉCLARATION DU ROI,

CONCERNANT *les Vagabonds, & Gens sans aveu.*

Donnée à Compiegne le 3 Août 1764.

LOUIS, par la grace de Dieu, Roi de France & de Navarre: A tous ceux qui ces présentes Lettres verront; SALUT. Les plaintes que Nous recevons sans cesse des désordres commis dans les différentes Provinces de notre Royaume par les Vagabonds & Gens sans aveu, dont le nombre paroît se multiplier chaque jour, Nous ayant paru mériter toute notre attention, Nous nous sommes fait rendre compte des dispositions des Ordonnances qui ont été données sur cette matiere, soit par Nous, soit par les Rois nos prédécesseurs, & Nous avons reconnu que la peine du bannissement n'étoit pas capable de contenir des Gens dont la vie est une espece de bannissement volontaire & perpétuel, & qui, chassés d'une Province, passent avec indifférence dans une autre, où, sans changer d'état, ils continuent à commettre les mêmes excès; c'est pour remédier efficacement à un si grand mal, que Nous avons résolu de l'attaquer jusques dans sa source, en substituant à la peine du bannissement, celle des Galeres à tems pour les valides, & celle d'être renfermés pendant le même terme, pour ceux que leur âge, ou leurs infirmités, ou leur sexe ne permettront pas de condamner aux Galeres. Cette rigueur Nous a paru d'autant plus nécessaire, que ce n'est que par la sévérité des peines que l'on peut espérer de retenir ceux que l'oisiveté & la fainéantise pourroient engager à continuer, ou à embrasser un genre de vie, qui n'est pas moins contraire à la Religion & aux bonnes moeurs, qu'au repos & à la tranquillité de nos Sujets. A CES CAUSES, & autres à ce Nous mouvant, de l'avis de notre

Conseil, de notre certaine ſcience, pleine puiſſance & autorité Royale, Nous avons dit, déclaré & ordonné, &, par ces Préſentes ſignées de notre main, diſons, déclarons & ordonnons, voulons, & Nous plaît ce qui ſuit.

ARTICLE PREMIER.

LES Vagabonds & Gens ſans aveu, mendiants ou non mendiants, ſeront arrêtés & conduits dans les Priſons du lieu où ſe trouvera établi le Siege de la Maréchauſſée d'où dépendra la Brigade qui en aura fait la capture, & leur procès leur ſera fait & parfait en dernier reſſort par les Prévôts de nos Couſins les Maréchaux de France, ou leurs Lieutenants, &, en leur abſence, par les Aſſeſſeurs en la Maréchauſſée, & par eux jugé conjointement avec les Officiers des Bailliages ou Sénéchauſſées, dans le reſſort deſquels eſt ſitué ledit Siege de Maréchauſſée; le tout conformément à notre Déclaration du 5 Février 1731; & ſans préjudicier à la compétence des Préſidiaux concernant leſdits Vagabonds & Gens ſans aveu, ſuivant les dispositions des Articles VII, VIII & IX de notredite Déclaration, lesquels seront exécutés suivant leur forme & teneur.

II. Seront réputés Vagabonds & Gens sans aveu, & condamnés comme tels ceux qui, depuis six mois révolus, n'auroient exercé ni profession ni métier, & qui, n'ayant aucun état ni aucun bien pour subsister, ne pourront être avoués ou faire certifier de leurs bonne vie & mœurs par personnes dignes de foi.

III. Les Vagabonds & Gens sans aveu, qui seront arrêtés dans les deux mois, à compter du jour de la publication de notre présente Déclaration, seront condamnés aux peines portées par nos précédentes Ordonnances & Déclarations; & à l'égard de ceux qui seront arrêtés passé ledit délai, ils seront condamnés, encore qu'ils ne fussent prévenus d'aucun autre crime ou délit, savoir les hommes valides de seize ans & au-dessus jusqu'à soixante-dix ans commencés, à trois années de Galeres; & ceux de soixante-dix ans & au-dessus, ainsi que les infirmes, les filles ou femmes, à être renfermés pendant le même temps de trois années, dans l'Hôpital le plus prochain, le tout sans préjudice de plus grande peine, suivant l'exigence des cas. A l'égard des enfants qui n'auroient pas atteint l'âge de seize ans, ils seront envoyés dans lesdits Hôpitaux, pour y être instruits, élevés & nourris, sans néanmoins qu'ils puissent être mis en liberté que par nos ordres.

IV. Lesdits Vagabonds & Gens sans aveu, de l'un & de l'autre sexe, seront tenus, à l'expiration du terme de leur condamnation, de choisir un domicile fixe & certain, & par préférence celui de leur naissance, & de s'y occuper de quelque métier ou travail qui les mette en état de subsister, sans néanmoins qu'ils puissent s'établir dans notre bonne Ville de Paris, & à dix lieues de notre résidence, aux peines portées par nos Ordonnances.

V. Dans les cas où lesdits Particuliers seroient arrêtés de nouveau, & convaincus d'avoir repris le même genre de vie, ils seront condamnés, savoir, les hommes valides au-dessous de soixante-dix ans, à neuf années de Galeres, &, en cas de récidive, aux Galeres à perpétuité; & les hommes de soixante-dix ans & au-dessus, les infirmes, femmes & filles, à être enfermés pendant le même temps de neuf années, dans l'Hôpital le plus prochain, &, en cas de récidive, à perpétuité.

VI. Pourront les septuagénaires, dont le terme de la détention sera expiré, demander à rester dans les Hôpitaux, où ils auront été renfermés; auquel cas ils ne pourront être congédiés.

VII. Les hommes, femmes & filles, & les enfants de l'un & de l'autre sexe, qui auront été renfermés ou placés dans les Hôpitaux, en vertu de notre présente Déclaration, & les septuagénaires qui auroient demandé à y demeurer, seront nourris & entretenus aux frais des Hôpitaux de la Province où ils auront été arrêtés & jugés, au cas qu'il y ait dans lesdits Hôpitaux, Maison de Force & de correction actuellement existante.

VIII. A l'égard des Provinces où il

n'y aura pas de Maiſon de Force, leſdits Vagabonds, Gens ſans aveu, & autres, condamnés par Arrêt, ou Jugement en dernier reſſort, à être renfermés, ſeront reçus dans les Hôpitaux de Charité ou Maiſons de Force des Provinces les plus voiſines, & ils y ſeront nourris & entretenus à nos frais. Voulons en conſéquence, que le montant de leur dépenſe ſoit payé & rembourſé de trois mois en trois mois, auxdits Hôpitaux ou Maiſons de Force, par les Fermiers de notre Domaine, en vertu des Exécutoires qui ſeront expédiés au nom du Receveur ou Tréſorier deſdits Hôpitaux, par les Intendants & Commiſſaires départis de notre Conſeil dans les Provinces. Si donnons en mandement à nos amés & féaux Conſeillers, les Gens tenans notre Cour de Parlement à Paris, que ces Préſentes ils ayent à faire lire, publier & regiſtrer, & le contenu en icelles garder, obſerver & exécuter ſelon leur forme & teneur, aux copies deſquelles collationnées par l'un de nos amés & féaux Conſeillers-Secretaires, voulons que foi soit ajoutée comme à l'original: CAR tel est notre plaisir; en témoin de quoi Nous avons fait mettre notre Scel à cesdites Présentes. DONNÉ à Compiegne, le troisieme jour du mois d'Août, l'an de grace mil sept cent soixante-quatre, & de notre Régne le quarante-neuvieme. *Signé*, LOUIS: *Et plus bas*, Par le Roi, PHELYPEAUX. Vu au Conseil, DE L'AVERDY. Et scellée du grand Sceau de cire jaune.

Registrée, oui, ce requérant le Procureur Général du Roi, pour être exécutée selon sa forme & teneur; & sera le Roi très-humblement supplié de venir au secours des Hôpitaux, mentionnés en l'Article VII de ladite Déclaration, dans le cas d'insuffisance de leurs revenus, & d'y pourvoir en la forme portée par l'Article VIII. Et copies collationnées envoyées aux Bailliages & Sénéchaussées du Ressort, pour y être lue, publiée & registrée. Enjoint aux Substituts du Procureur Général du Roi d'y tenir la main, & d'en certifier la Cour dans un mois, suivant l'Arrêt de ce jour. A Paris, en Parlement, toutes les Chambres assemblées, le vingt-un Août mil sept cent soixante-quatre.

Signé, DUFRANC.

www.ingramcontent.com/pod-product-compliance
Ingram Content Group UK Ltd.
Pitfield, Milton Keynes, MK11 3LW, UK
UKHW012236240726
13966UKWH00003B/1120

9 782013 097956